# シダ
## ハンドブック

北川淑子 著　林 将之 スキャン写真

クサソテツ

文一総合出版

## ■本書の使い方

①**シダ情報アイコン**

- ■ **平均的な葉の長さ** 大:70cm以上、中:30〜70cm、小:30cm以下
- ■ **水平分布** 北:北海道、本:本州、四:四国、九:九州、沖:沖縄、全国:北海道〜沖縄の全国各地
- ■ **垂直分布** 平:平地、丘:丘陵、山:山地
- ■ **生育環境** 町:町中、草:草地、縁:林縁、林:林下
- ■ **根茎** 直:直立、斜:斜上、短:短くはう、長:長くはう
- ■ **季節型** 常:常緑性、夏:夏緑性、冬:冬緑性

②**スキャン写真** 1枚の葉の表面全体をスキャナーで取り込んだ。

③**解説** 写真では読み取れない情報や和名の由来、特徴、利用などを記した。

④**一口メモ** 簡潔に特徴や覚え方をまとめた、いわばキャッチフレーズ。

⑤**科名** 掲載種の属する科(分類の単位)を記した。

⑥**学名** 主に米倉浩司・梶田忠(2003-)「BG Plants 和名−学名インデックス」(YList), http://bean.bio.chiba-u.jp/bgplants/ylist_main.html(2007年7月5日)によった。

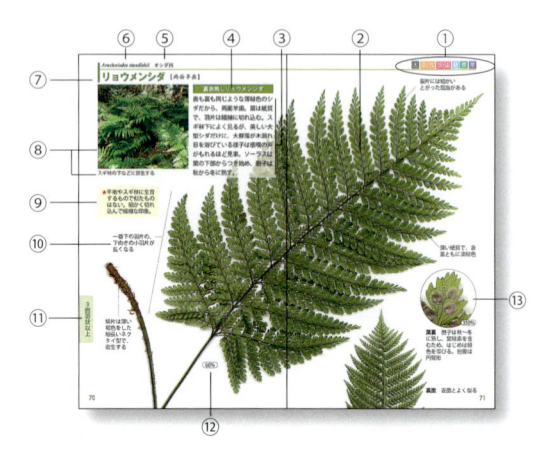

⑦**和名** 著者が標準的と思われる和名とその漢字表記を採用した。

⑧**生態写真** 生育環境・状態がよくわかる写真と補足情報を記した。

⑨**識別ポイント** よく似た種との見分け方を簡潔に記した。

⑩**引き出し解説** 種類を特定するポイントとなる植物体各部の特徴を記した。

⑪**インデックス** 本書では葉の切れ込み具合によって「単葉」「単(1回)羽状」「1〜2回羽状」「2回羽状」「2〜3回羽状」「3回羽状以上」「特殊な枝分かれ」の7つに分け、その中で似ているもの、同所によく生えるものをなるべく近くに配置した。

⑫**縮小・拡大率** 標準と思われるサイズに対する掲載サイズの比率。

⑬**部分アップ** シダの特徴をよく示す葉の裏の状態などを中心に掲載した。

# 1. シダとは

　シダといえば、日陰の湿った場所に生える植物、というのが一般的な印象でしょうか。実際には、日の当たる明るい場所に生えるシダも多数あり、日本では約630種が記録されています。同じ北半球の島国イギリスでは約70種であることを考えると、日本はシダの豊富な国であることが分かります。

　ところで、ご存知の通り、シダには花も実もありません。苔などと同じ、胞子で増える隠花植物です。それでも苔などと違い地上に葉を伸ばすことができるのは、顕花植物と同じように体の中に水分や養分を運ぶ維管束があり、それが体を支えているからです。

### シダ植物の歴史

　シダの歴史は大変古く、地球上に登場したのは約4億年前になります。恐竜時代を再現した図などに、大きなヤシのように描かれているのはシダの仲間で、そのころ地球は今より温暖湿潤で、各地にシダが大繁茂していたと考えられています。現在は地球が当時より寒冷・乾燥化しており、大型シダは熱帯や亜熱帯とオーストラリア、ニュージーランド、パタゴニアに見られるだけです。

　ふだん私たちが目にするのは、1mくらいまでの草姿のシダがほとんどです。それでも、シダの小さな体に4億年の歴史が刻まれていると思えば、ロマンも感じ、愛おしくもなります。

### シダ植物に親しむために

　古来シダは食用や薬用、籠などの生活用品を作る材料として、日本人の生活と深く結びついていました。万葉集の「石走る垂水の上の早蕨の萌え出づる春になりにけるかも」(志貴皇子)の歌や、源氏物語の「早蕨」の巻なども有名です。しかし、現代はシダの活躍する場は狭くなり、花束に添えられたり、ワラビやゼンマイ、クサソテツなど限られた種類の新芽を食用にするくらいです。シダそのものの美しさを楽しもうという姿勢も、シダの豊富なわりには少ないように思います。

　観察会などで、「シダはどれも同じようでさっぱり違いが分からない」という声をよく聞きます。たしかに花が咲けば名前の見当をつけられますが、シダの場合はそうはいきません。しかし、観るポイントさえおさえれば、シダを知るのもそう難しいことではありません。まずは独特の用語に慣れ、身近なシダから観察してみましょう。

## 2. シダ植物のつくり

### 葉

私たちが通常目にするのは、シダの葉の部分です。茎は多くの場合、**根茎**(こんけい)として地中にあり、根は根茎からひげ状に出ます。

まず、葉は**葉身**(ようしん)と葉身を支える**葉柄**(ようへい)に分けられます。葉柄に続く葉身の中央にある茎を**葉軸**(ようじく)(または中軸(ちゅうじく))と呼びます。そして葉軸に羽のようにつく一かたまりの小さい葉を**羽片**(うへん)、その軸を**羽軸**(うじく)といい、羽軸まで切れ込むごく小さい葉を**小羽片**(しょううへん)、小羽片の軸を**中肋**(ちゅうろく)と呼びます。さらに小羽片の切れ込みを**裂片**(れっぺん)と呼びます。

葉身の形を表すのに、切れ込みのないものを**単葉**(たんよう)、葉軸までまたは葉軸近くまで切れ込むものを**単羽状**(たんうじょう)(1回羽状)、羽軸まで切れ込むものを**2回羽状**、中肋まで切れ込むタイプを**3回羽状**と呼びます(p.7)。また、普通は1回羽状に切れ込むが、栄養状態が良い葉身や羽片の一部だけが2回羽状になる場合もあり、そのような場合は**1〜2回羽状**などと表現します。

### 根茎

本来の茎である根茎の形態も、名前を知る決め手になります。シダの葉の根元を観察すると、おおよそ次の4つに分けられます。

**1.** 直立するもの、**2.** 斜上して塊状になるもの、**3.** 横にはい、短い間隔で葉を出すもの、**4.** 長くはい間隔をあけて葉を出すもの、です。

地上の葉の様子を観察すると、前の2タイプは株をつくっているように見え、3.のタイプは株のように見えたり1枚ずつ葉が出ているように見えたりします。4.は1枚ずつ離れて葉が出ます(p.6)。

### ソーラス(胞子嚢群)(ほうしのうぐん)

**ソーラス**(胞子嚢群)とは、成熟したシダの葉の裏に見られる円形や線形のポツポツのことです。これは胞子ではなく、胞子の入った袋である**胞子嚢**の集まりです。

ソーラスの観察には、色、形、つく位置、ソーラスを被う**包膜**(ほうまく)の有無、包膜の縁の切れ方などがポイントになります。

ところで、葉裏を見てもソーラスのないことがあります。株や葉が若い場合の他に、1つの株に**栄養葉**(ようよう)(裸葉(らよう))と**胞子葉**(ほうしよう)(実葉(じつよう))をつけるタイプがあるためです。これを「**二形性**(にけいせい)がある」といいますが栄養葉は光合成を行い、次世代を担う胞子は胞子葉につきます。

### 鱗片(りんぺん)

毛と同様に表皮細胞が変化したものとされる、膜質の薄片です。

● シダ植物のからだ

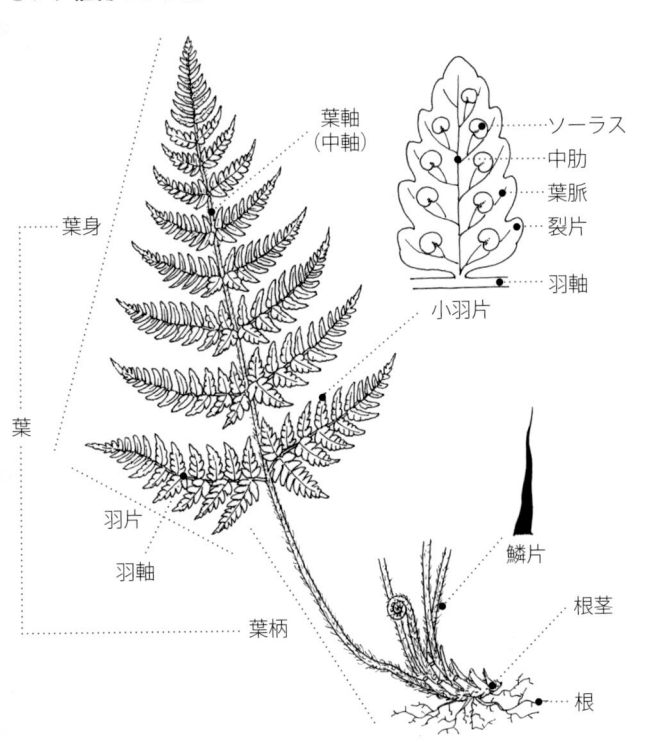

葉軸（中軸）
葉身
葉
羽片
羽軸
葉柄
小羽片
ソーラス
中肋
葉脈
裂片
羽軸
鱗片
根茎
根

## シダのくらし
－胞子体と前葉体－

シダの生活史には、二つの異なる体をもつ時期があります。

私たちが普通に見ている、本書で取り上げている状態は、シダが胞子体の時期にあたります。つまり、子孫をつくるための胞子をつけ、それを散布するための状態です。

もう一つの形は前葉体といい、胞子が湿った地面に落ちて細胞分裂を繰り返してできる1cm位のハート型のからだです。配偶体とも呼ばれ、そこで卵子や精子がつくられ、受精し成長すると、やがて私たちが通常目にするシダの形になります。

－常緑・夏緑・冬緑－

胞子体は1年中緑の葉を見せてくれる常緑性のものばかりではありません。冬に枯れる（夏緑性）もの、夏に枯れる（冬緑性）ものなどがあるうえ、気候との関係で、地域によってそれらが変化するものがあります。

## 3. 観察のポイントと季節

①大きさ、シルエット、色合い、葉の切れ込み方
②根茎の状態（直立、斜上、はう）
③ソーラス（胞子嚢群）や包膜の色や形、つく位置
④葉柄や葉軸につく鱗片の色、形、密度、縁の様子など
⑤多くの種で胞子が成熟する初夏から夏が観察に最適。しかし、季節ごとにその時しか観られない状態があるので、その意味では、いつもベストシーズン
⑥初心者にとって、他の多くの植物が枯れる冬は、常緑のシダを観察する良い季節

● **根茎のいろいろ**

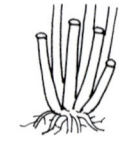

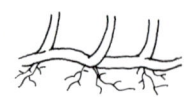

直立（含：塊状）
ジュウモンジシダなど

斜上
ベニシダなど

短くはう
イヌワラビなど

長くはう
ワラビなど

● **包膜のいろいろ**　注：イノモトソウの場合は、葉縁が裏返ってソーラスを包む形となっており、これを「偽包膜（ぎほうまく）」と呼びます。

包膜がなく、ソーラスがむきだし（ミゾシダなど）

線形・かぎ形・馬蹄形
（イヌワラビなど）

円腎形
（ベニシダなど）

円形
（ヤブソテツなど）

ポケット形・コップ形
（フモトシダなど）

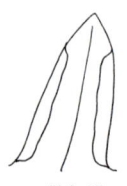

偽包膜
（イノモトソウなど）

## ● 葉のつき方　羽状の回数は、葉のもっとも発達した部分で数える

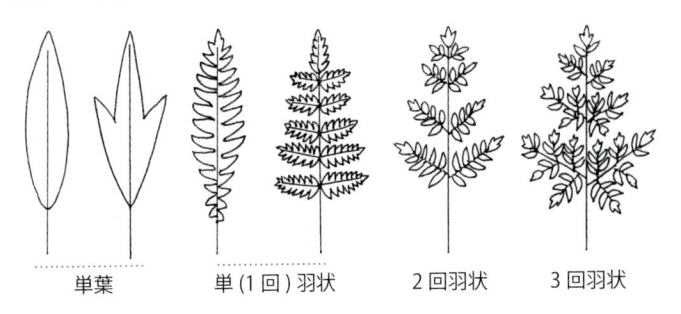

単葉　　単(1回)羽状　　2回羽状　　3回羽状

## ● 葉や羽片、鱗片の形と切れ込み方

注：切れ込みがない場合は全縁(ぜんえん)、切れ込みの有無にかかわらず、縁に細かいギザギザがある場合、鋸歯(きょし)があるといいます。

線形　ネクタイ形　卵形　楕円形　浅裂　中裂　全裂

## ● ソーラス (胞子嚢群)

包膜
ソーラスの断面

## ● 胞子嚢と胞子

胞子嚢

胞子

裂開した胞子嚢

※シダ観察には、10倍くらいのルーペをお忘れなく！

# 葉の形による検索表 （シダらしくないシダは p.76~77）

●**単葉**（葉軸に達する切れ込みはない） ●**単（1回）羽状**（葉軸まで切れ込む）

ノキシノブ p.10

ミツデウラボシ p.11

ヤブソテツ p.12

ナガバヤブソテツ p.14

コウヤワラビ p.16

ヒメシダ p.17

シシガシラ p.19

シケシダ p.20

ミゾシダ p.22

フモトシダ p.24

ゲジゲジシダ p.26

ホシダ p.27

●**1～2回羽状**（p.4参照）

イヌガンソク p.28

クサソテツ p.30

オオバノイノモトソウ p.33

イノモトソウ p.34

イワガネソウ p.36

ジュウモンジシダ p.38

イヌシダ p.40

トラノオシダ p.41

## ● 2回羽状 （羽軸まで切れ込む）

- ゼンマイ p. 42
- コモチシダ p. 44
- オクマワラビ p. 46
- ベニシダ p. 48
- ヤマイタチシダ p. 50
- ハリガネワラビ p. 52
- ヘビノネゴザ p. 54
- イヌワラビ p. 56
- イノデ p. 58
- ホウライシダ p. 60

## ● 2〜3回羽状

- コバノヒノキシダ p. 61
- ワラビ p. 62

## ● 3回羽状以上 （中肋まで切れ込む）

- タチシノブ p. 66
- ホラシノブ p. 67
- ミドリヒメワラビ p. 68
- ホソバカナワラビ p. 64

## ●特殊な枝分かれ

- リョウメンシダ p. 70
- ミサキカグマ p. 72
- クジャクシダ p. 73
- ウラジロ p. 74

単葉

*Lepisorus thunbergianus* ウラボシ科 小 本・沖 平・丘・山 町・緑・林 長 常

# ノキシノブ【軒忍】

コケの生えた古木によく見られる

### 乾燥を耐え忍ぶノキシノブ

シノブの名がつくが、シノブ類とは違い、革質でにぶい緑色をした線形のシダ。かつては茅葺屋根の上や軒下に生えている光景を目にできたが、茅葺屋根が稀少になった今は、苔むした古木や石垣に根茎をはわせて葉を茂らせる本種をよく見る。乾燥すると縮んで耐え、湿気を待つ

★よく似たヒメノキシノブは山地寄りに見られ、葉の先端が丸く、まばらに生える。

先端は鋭くとがる

革質で厚い

ソーラスは上半分につく

表より色が淡い

表面　裏面

300%
**葉裏** 大きな円形のソーラスがつき包膜はない

70%

葉柄は短く、基部に鱗片がつく

*Selliguea hastatus* ウラボシ科

小 全国 丘・山 緑 短 常

単葉

# ミツデウラボシ【三手裏星】

## 手のひらに丸いソーラス三手裏星

葉が三つに分かれ、ソーラスが丸くて大きく星のようだから、三手裏星と名づけられた。しかし実際には、下部が幅広で裂けないものから5裂するものまで、さまざまな形が見られる。触ると、カサカサとやや乾いた感じがする。根茎をのばし、暖地の岩上や崖地をはって広がる。

岩肌を根茎がはい回って群生する

★独特の三つ手のシルエットには似た種類はない。

紙質で、くすんだ光沢がある。無毛

(170%)
ソーラスは丸くて大きい。包膜はない

表より白っぽく、脈が目立つ

**3裂タイプ 表面**

**裏面**

(60%)

かたくて光沢がある

細い鱗片が密生

**裂けないタイプ**
この形が多く見られる

**2裂タイプ**

11

*Cyrtomium fortunei* オシダ科

# ヤブソテツ【薮蘇鉄】

単（1回）羽状

しばしば放射状に葉を広げる

### 薮の蘇鉄は葉（羽片）が多い

藪に生え、蘇鉄のように葉を広げる。つやのない灰緑色の葉をもつものと濃緑色で光沢のある型があり、羽片の先端付近に細かい鋸歯(きょし)がある。林内から人家周辺まで見られる。かつてはよく似たヤマヤブソテツを変種としていたが、変異が連続するため現在はヤブソテツに含める。

★羽片の数が多くて細長いシルエットが特徴。

羽片の数は、10〜30対前後

長卵形の鱗片を密につける

(50%)

中・本・九 丘・山 縁・林 直 常

ふつう葉面に光沢がないが、
つやのあるものも見られる

200%

**葉脈**（裏面）
独特の網目模様
をつくる

先端近くに
細かい鋸歯
がある

耳垂が少し出っ張
る個体も見られる

**羽片裏面** ヤブソ
テツもヤマヤブソ
テツも、包膜は円
形で、中央は黒く
ならない

かつてヤマヤブ
ソテツとされた
タイプ

*Cyrtomium devexiscapulae*　オシダ科
# ナガバヤブソテツ 【長葉藪蘇鉄】

単（1回）羽状

若い個体は羽片の幅が広く、数も少ない

### 近年目立つ、都会派ヤブソテツ

町中の水路の石組みや排水孔の中から、つやのある鎌形の羽片をもつシダが生えていたら、たぶんそれは本種だろう。樹林下にも見られるが、人手の加わった環境にも多い。本種と見間違えやすいオニヤブソテツは沿岸部に見られ、さらに葉が厚くて光沢があり、羽片が短い。

500%

**葉裏**　包膜の真ん中が黒いのが特徴（左）。胞子がはじけると全体に黒褐色になる（右）

50%

中 | 本-九 | 平・丘 | 町・縁 | 直 | 常

オニヤブソテツより薄い革質。光沢もやや弱い

★オニヤブソテツと非常によく似る。生育地が異なるのと、羽片の形の違いが見分けるポイント。

600%

新葉には早期に落ちる小さな白毛がある

鎌形で、幅は狭くてほぼ一定し、縁に粗い鋸歯がある

**オニヤブソテツ**
海岸近くに多い。
葉が分厚くて
羽片が短く、
包膜の真ん中が
黒くなるものと
ならないものがある

*Onoclea sensibilis* var. *interrupta* コウヤワラビ科 小 北-九 平・丘 草 長 夏

# コウヤワラビ 【高野蕨】

単（1回）羽状

水田周辺に群落になっているのをよく見る

### 陸の海藻コウヤワラビ

発見された場所が和歌山県の高野山であることから、その名がついた。しかし、生えている場所は山ではなくて、水田や小川の縁など、日光ふり注ぐ湿った土地である。根茎が長くはい回るため、大群落になることがある。秋に出る胞子葉をドライフラワーにして楽しむのも一興。

★薄くて翼のついた様子は黄緑色の小型のワカメのようにも見える。似た種類はない。

草質でやわらかい

ソーラスの入った小さい粒が穂状につく

鱗片がまばらにつく

翼がある

栄養葉 (50%)

葉脈は網目状 (250%)

胞子葉 (50%)
秋に生え、緑から黒色に変化する

*Thelypteris palustris* ヒメシダ科 　小-中　北-九　平・丘　草　長　夏

# ヒメシダ 【姫羊歯】

単（1回）羽状

## ひょろりほっそり羊歯の姫

優しく繊細な印象が姫羊歯の名にふさわしい。新芽の頃は緑色の手（羽片）を縮めてひょろひょろと立ち、ダンスをしているようにも見える可愛いシダ。胞子葉は秋に出て一回り大きく、熟すと黒くなるソーラスが裏面にびっしりつく。水田の畦など湿り気の多い場所に群生する。

水辺や水田周辺に大きな群落をつくる

★畦や湿地に群生していれば、ほぼ本種。

栄養葉の羽片には、ごく短い柄があるが、胞子葉にはない

薄い草質で、光沢はない。毛がわずかにある

胞子葉（葉裏）
包膜は円腎形で、毛が多い
(300%)

栄養葉
(50%)

鱗片は基部にまばら

17

## 田んぼにもシダ！

　意外かもしれませんが、田んぼの中にもシダが生えます。シダの生活に水は必需品ですが、水浸しの田んぼには、よく見る葉の形をしたシダは見当たりません。ウキクサと同じような生活をするもの、イネ科の植物のように見えるもの、海藻かと見紛うものなどさまざま。田んぼのシダを楽しんでください。

**オオアカウキクサ**（サンショウモ科）
水面に浮遊し、微小な淡緑色の葉が鱗のように密生。秋に紅葉する。

**ミズワラビ**（イノモトソウ科）
葉はやわらかくて二形あり、胞子葉（写真）は高く伸びて裂片が細い。

**ミズニラ**（ミズニラ科）
葉は細長くて10〜30cmになり、葉脈が1本ある。

**サンショウモ**（サンショウモ科）
浮遊葉が対生につく様子は、マメ科植物の葉を思わせる。

**デンジソウ**（デンジソウ科）
四つ葉のクローバーが、群生しているように見える。

*Blechnum niponicum* シシガシラ科 小-中 北-九 丘・山 縁・林 直・斜 常

# シシガシラ 【獅子頭】

山の川沿いや林下に株をつくって生える

## 大株は獅子のたてがみ

ふさふさと広がり伸びる葉の集まりを獅子の頭にたとえたのもうなずける。観葉植物として立派に通用しそう。特に新葉は赤みを帯びることが多く、美しい色合いとなる。根茎が塊状になるため、放射状の株をつくる。胞子葉は羽片がまばらにつき、立ち上がって出る。

単（1回）羽状

★よく似たオサシダは、山地の岩上などに生え、羽軸に溝はない。

先端は細長くとがる

**胞子葉** （40%）
栄養葉より長めで、質はややかたい

革質で光沢はなく、羽軸に浅い溝がある

**栄養葉** （40%）

**鱗片** （180%）　線形で、やや厚い

**葉裏** （100%）　白い筋が2本ある

19

*Deparia japonica* メシダ科

# シケシダ 【湿気羊歯】

単(1回)羽状

林縁沿いの溝にはきっと群落が…

### 湿気を好むシッケシダ

上部の羽片がほぼ60°の角度で軸につくのが特徴。根茎が長くはうため群落をつくることが多い。溝や湿気のある土手や林縁、人家周辺に普通に見られる。本種と同じような場所や林内に生えるホソバシケシダは、本種より小型で細く、羽片の先が丸みを帯びる。

……鱗片をまばらにつける

(80%)

中〜深裂し、裂片には浅い鋸歯がある

| 中 | 本・九 | 平・丘・山 | 縁・林 | 長 | 夏 |

★近縁種が多いが、本種が最も普通で、上部の羽片が斜上してつくのがポイント。

上部の羽片は
約60°の角度で
茎につく

(300%)

**葉裏** ソーラスは線形の包膜に被われる。若い包膜は全縁

(120%)

**葉裏** ソーラスと包膜はシケシダに似る

**胞子葉**
(40%)

**ホソバシケシダ** シケシダと同じく湿った林下や林縁、溝沿いなどに生える。北海道～九州まで広く分布

*Thelypteris pozoi* subsp. *mollissima*　ヒメシダ科

# ミゾシダ 【溝羊歯】

単（1回）羽状

1本ずつ少し離れて葉が出て群生する

## 溝にも生えるミゾシダ

溝に生えるからミゾシダと言いたいところだが、乾き気味の場所にも群生する。全体が細かい毛に被われ、葉はくすんだ緑色。ソーラスは葉脈に沿ってつき、胞子が熟すと黒くなる。山地から路傍まで各地に普通に見られ、群生する。暖地では、ときに冬も枯れずに葉が残る。

★生育環境も含め、シケシダに似るが、全体に毛が多く、ソーラスに包膜がないことで見分けられる。

葉軸に短毛が密生する

70%

葉柄にも毛が密生し、褐色膜質の鱗片がつく

中 本-九 丘・山 縁・林 長 夏-常

全体に毛が多く、
葉面は暗緑色で
光沢はない

葉軸だけでなく、
羽軸も褐色になる
ことがある

羽片の先は鋭くとがる

**葉裏** ソーラスは葉脈に沿ってつき、包膜はない。胞子は黒く熟す

(300%)

23

*Microlepia marginata* コバノイシカグマ科

# フモトシダ 【麓羊歯】

単(1回)羽状

根茎が長くはうため、間隔をあけて葉が出る

### 麓に生えるフモトシダ

低山や丘陵の麓近くに見られるので、フモトシダ。全体が短毛に被われており、特に葉の裏側に多い。見慣れると、遠目にも白っぽくざらつく感じがわかる。下方の羽片ほど長くなること、ソーラスを包む胞膜がポケット(茶碗)形であること、鱗片がないことも特徴。

下にいくほど羽片は大きくなる

**葉裏** 脈の先端にポケット形の包膜があり、裂片にはゆるやかな鋸歯がある

(500%)

(50%)

大 | 本 - 沖 | 丘 · 山 | 林 | 長 | 常

★全体に多毛、羽片が深裂しない、ポケット形の包膜、の3点が見分けるポイント。

出っぱる

草質でやや厚く、両面に毛があるが、裏面に多い

鱗片はない

葉柄にも毛が多く、毛の落ちたあとはざらつく

(100%)
**羽片裏**
脈が浮き出る

25

*Phegopteris decursivepinnata* ヒメシダ科 小-中 本・沖 丘・山 緑 斜 夏

# ゲジゲジシダ 【蚰蜒羊歯】

単（1回）羽状

林縁に垂れ下がるように特異な葉が並ぶ

## 足の多さはゲジゲジ以上

和名の由来は、短い羽片とその付け根にある翼（よく）の連なりが、足の多いゲジゲジを連想させるため。葉身のつくりは同じだが、林に見られるものは緑が濃く大型で翼が目立ち、明るい土手などに生えるものは小型で黄緑のことが多く、別種のような印象を受けることがある。

★ ゲジゲジのようなシルエットは独特、似た種類はない。

**葉裏** （300%） ソーラスは丸く、包膜はない

羽片と羽片の間に翼（よく）がある

褐色の毛と鱗片がやや密につく

（30%） 草質で光沢はない。両面に毛が密生

（30%） 明るいところに生える小型のタイプ

*Thelypteris acuminata* ヒメシダ科　中 本・沖 平・丘 町・草・縁 長 常

# ホシダ【穂羊歯】

単（1回）羽状

### 葉の先伸ばして日光浴

先端の葉が長く伸びて穂のようだからと、この名がついた。触るとカサカサした感触で、いかにも乾燥に強そうなので、「干羊歯」の字を当てるのも悪くないと思っている。日当たりのよい道端などに、普通に群生する。冬にも緑の葉が残り、覚えやすいシダ。

道端でほこりを被っていることもある

★先のとがったシルエットは独特、似た種類はない。

先が槍の穂状

カサカサした紙質。一見、無毛に見えるが、ルーペで見ると両面に微毛がある

鱗片はまばら

(30%)

羽片の縁は半ばまで切れ込む

葉裏　包膜は円腎形

(400%)

*Onoclea orientalis*　コウヤワラビ科

# イヌガンソク【犬雁足】

単（1回）羽状

幅広の葉が株になり、大きく広がる

**胞子葉はドライフラワー犬雁足**

かたくて茶色の胞子葉を雁の足に見立て、クサソテツを「雁足」と呼ぶが、近縁で大ぶりの胞子葉をもつシダの名に「犬」をつけたのは、食用にも薬用にもならない役立たずというわけか。しかし、冬にも朽ちない胞子葉はいけばなに利用される。林縁や山道沿いに生える。

筒状に巻き、中にソーラスをつける。秋に生える

**胞子葉**
(30%)

まばらに鱗片がある

**栄養葉**
(30%)

大きな鱗片を密生

| 中 | 北・九 | 丘・山 | 緑・林 | 斜 | 夏 |

★シルエットはだ円形で、大づくりな印象。似た種類はない。

急に狭くなる

やや厚みのある紙質で光沢はない。両面とも無毛

100%

**葉裏** 裂片に鋸歯はない。脈に沿って鱗片がつく

*Onoclea struthiopteris* コウヤワラビ科

# クサソテツ 【草蘇鉄】

単（1回）羽状

明るくて湿り気のあるところを好む

## 草の蘇鉄は芽を食べる

明るい黄緑の葉が株立ちする姿が美しく、庭などに植えられる。芽は山菜のコゴミとして有名。癖（くせ）がなく、おひたしや天ぷら、油炒めにと好まれる。胞子葉は秋に出て、イヌガンソク同様、花材にされる。涼しい地域の明るい草地や土手、林縁などに見られ、しばしば群生する。

羽片は筒状になり、緑から褐色に変わる

**芽立ち** 山菜のコゴミはクサソテツの新芽のこと

**胞子葉** (30%)
栄養葉より短く、秋に出る

下部の羽片はだんだん小さくなる

葉柄は短い

**栄養葉** (50%)

中-大 北-九 平・丘 草 長・直 夏

★湿った明るい場所に株立ちで群落をつくる黄緑の中型シダは、本種と思ってよい。

一番基部の小羽片はやや長い

やわらかい草質で、光沢はない。無毛

(150%)
**栄養葉の羽片裏**
葉脈が縁に達する

## 首都圏にもシダの宝庫が 冷温帯と暖温帯のシダ

　東京を中心とする地域は暖温帯気候に属していますが、歴史的にも位置的にも冷温帯気候の植物が残存している可能性の高い所です。つまり、それぞれの気候帯に属するシダを同時に観察する機会がある地域といえます。もちろん高度を上げれば冷涼な地域のシダを見られますが、丘陵地でも、北向き斜面は地温が一定しており、特にスギ林などは空中湿度が高く保たれるため、冷温帯域のシダが生き残れる条件がそろっています。

　たとえば、都心から直線で25km圏内にある横浜市北西部のスギ林中心の丘陵地（約100ha）で約120種類、30km圏内の都立長沼公園（32ha）で約100種類のシダが記録されています。シダの豊富な和歌山や鹿児島など県単位での記録が300種類前後ですから、首都圏といえども、谷を含む丘陵地形に位置する緑地は、隠れたシダの宝庫といえるでしょう。

◀**オシダ**（オシダ科）冷温帯の落葉広葉樹林（ブナやミズナラなど）下に群生し、大型で株をつくる。関東南部ではスギ林下にまれ。

▶**アマクサシダ**（イノモトソウ科）　房総以西の暖温に分布ということになっているが、最近は、関東南部の内陸部でも見かける機会が増えた。

*Pteris cretica* イノモトソウ科 　小-中 本-九 丘・山 縁・林 短 常

# オオバノイノモトソウ【大葉の井許草】

## オオバは翼無し

イノモトソウと間違えやすいが、葉軸に翼(よく)が無い。また、栄養葉の葉脈が葉の縁まで達していればオオバノイノモトソウ、達していなければイノモトソウ。ともに胞子葉は羽片が細長く、直立して出る。町中より林内や林縁に多く見られる。葉軸上部にのみ翼のある雑種に注意。

林縁や林下に株のようになって茂る

1～2回羽状

★イノモトソウに似るが、葉軸に翼がない。

……紙質で、光沢はない

……翼(よく)がない

……縁には細かい鋸歯がある

**胞子葉**(裏面) 栄養葉よりも葉が細く、ソーラスは縁に沿ってつく (100%)

**栄養葉** (50%)

……基部に向かうにつれ褐色を帯びる

*Pteris multifida* イノモトソウ科

# イノモトソウ 【井の許草】

1〜2回羽状

石垣などから株状になって葉をのばす

## 翼が生えてるイノモトソウ

子供の頃、井戸端に生えている黄緑のきれいな葉の植物がとても気になっていた。それがイノモトソウだったのだが、注意して見ると、町中の石垣や土手植込みなどに広く見られる。多少の乾燥にも強いようだ。よく似たオオバノイノモトソウはどちらかといえば林に多い。

基部にいくほど濃い褐色になる

翼(よく)がある

**胞子葉**
(100%)

一番下の羽片の下側に大きな小羽片が出る

| 小-中 | 本-沖 | 平・丘 | 町・縁 | 短・斜 | 常 |

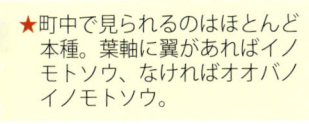

★町中で見られるのはほとんど本種。葉軸に翼があればイノモトソウ、なければオオバノイノモトソウ。

紙質で光沢はなく、両面無毛。縁に鋸歯はない

**裏面** 縁に沿って、長くソーラスがつく
(170%)

羽片は3〜7対

縁に細い鋸歯がある

栄養葉
(100%)

大きさは、胞子葉の半分からそれ以下

35

*Coniogramme japonica* イノモトソウ科

# イワガネソウ【岩ヶ根草】

**バイバイゼンマイ、網目ソウ**

笹に似た濃緑色の葉は、シダというより観葉植物。しかし葉裏を見ると葉脈に沿って茶色いソーラスが。よく似たイワガネゼンマイとは葉脈で見分ける。イワガネソウの葉脈は網目状につながるところが必ずあるが、イワガネゼンマイは離れたまま林内に生え、群落をつくる。

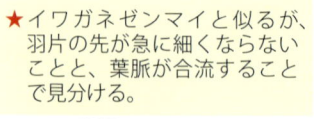

1〜2回羽状

1枚1枚の大きな葉が群がって生える

★イワガネゼンマイと似るが、羽片の先が急に細くならないことと、葉脈が合流することで見分ける。

(150%)
**イワガネソウ**
葉脈が網目状につながるところがある

(150%)
**イワガネゼンマイ**
葉脈が二またに分かれたままどこも合流しない

(50%)

葉柄は葉身と同じくらいの長さ

| 大 | 全国 | 丘・山 | 緑・林 | 長 | 常 |

革質で厚く、
やや光沢がある。
両面とも無毛

先はしだいに
細くなる

**イワガネゼンマイ**

イワガネゼンマイの
葉先は急に細くなる

*Polystichum tripteron*　オシダ科

# ジュウモンジシダ【十文字羊歯】

### ジュウモンジシダは十文字

葉が上部の長い十字形をしているから、十文字シダ。学名にもtripteron（三つの翼がある）とある。分かりやすいシダだが、まれにヒトツバジュウモンジシダと呼ばれる十字にならない株がある。山地の林内や林縁の湿った場所に多い。新芽のおひたしはけっこう美味。

やや暗い林下や林縁に生える

1〜2回羽状

鱗片は淡褐色で茎に圧着し、落ちやすい

(60%)

一番下の羽片だけ特別に大きくて、羽状に分裂する

中 北-九 丘・山 林 直 夏-常

★十文字形のシルエットは独特で、似たものはない。

光沢はなく、表面は無毛

**葉裏** 包膜は円形で小さい (350%)

浅く切れ込み、先がトゲ状になる

葉裏に小さい鱗片がつく

(130%)

**羽片裏** 羽片は鎌状に曲がる

*Dennstaedtia hirsuta* コバノイシカグマ科 小 北-九 丘 緑 短 夏-常

# イヌシダ 【犬羊歯】

密毛で、ほこりをかぶったようにも見える

1〜2回羽状

### まるでむく毛の子犬羊歯

明るいやや乾いた切り通しや土手、石垣などに生える小型シダ全体に細かい白毛が密生し、トラノオシダが毛をまとっているようにも見える。葉が下向きに垂れている状態で見ることが多いが、夏頃に出る胞子葉は立ち上がる。暖地では、秋に出る栄養葉は地に伏して越冬する。

★トラノオシダに似るが、本種には毛が多い。

胞子葉より葉の切れ込みが浅い

**栄養葉** 80%

草質で光沢はない

**胞子葉** 80%
全体に白毛を密につける

**葉裏** ソーラスはポケット形よりやや深いコップ形の包膜に包まれる 400%

40

*Asplenium incisum* チャセンシダ科　小 本-九 平・丘 町・縁 斜 常

# トラノオシダ【虎の尾羊歯】

## 緑の虎の尾

10〜30cmほどの小型シダ。夏頃にやや大ぶりの胞子葉を、尾を立てるように伸ばすが、誰が名前をつけたのか、虎の尾を連想するのはなかなか難しい。土手や町中の石垣にもごく普通に見られる。乾燥にも強く、鉢植えの植物の傍らにいつの間にか生えていたりもする。

石垣や草刈りされた土手によく見られる

1〜2回羽状

★イヌシダに似るが、毛がない。一緒に生育することも少ない。

やわらかい草質で、両面無毛

**栄養葉** (80%)
胞子葉より小型

**胞子葉** (80%)

中軸に溝がある

**葉裏**　包膜は細長く、ハの字に並ぶ (200%)

41

*Osmunda japonica* ゼンマイ科

# ゼンマイ【薇】

## 新芽はくるりとゼンマイじかけ

渦巻き状の新芽を、古銭を巻いた「銭巻き」にたとえたことから転じて薇になった。機械の発条は、薇に似ているので名付けられたというが、たいていのシダが芽出しの頃は発条仕掛け！本種は芽が綿毛に被われているのが特徴で、食用としても有名。草地から林まで広く見られる。

ぜんまいがはじけると、黄緑の葉が広がる

2回羽状

**胞子葉** (50%)
栄養葉とともに
春に出て、
胞子が熟すと、
緑から褐色に
変わり、
初夏には枯れる

鱗片はない……

**芽立ち**
綿毛に包まれる。
食用にするのは
この時期

**栄養葉**
(50%)

| 中 | 全国 | 丘・山 | 草・縁・林 | 斜 | 夏 |

★よく似たヤシャゼンマイは渓流沿いに生育し、羽片がもっと流線形。

ときに変形した小羽片が見られる

紙質で光沢はない。縁には細かい鋸歯がある

**ヤシャゼンマイ**
渓流沿いに生える

日に透かすと平行に走る葉脈が美しい

*Woodwardia orientalis* シシガシラ科

# コモチシダ【子持ち羊歯】

### 子だくさんの肉厚シダ

名前は葉面につく無性芽に由来する。この芽が地に落ち、条件が良いとそのまま成長して親株になる。一方、胞子でも繁殖するため、本当に子だくさんのシダである。葉が厚く光沢があって見栄えも良く、ウラジロと並び祝い事に用いたらとも思う。明るい崖地に垂れ下がって生える。

崖や土手を被うように群生することもある

★よく似たハチジョウカグマは巨大で、小羽片の先が長くのびる。また、若葉は赤味を帯びる。

……やや光沢のある鱗片を密生する

2回羽状

(30%)

大 本・九 平 丘 山 緑 斜 常

革質で厚く、
やや光沢があり、
無毛

先端部分だけ、羽片に切れ込みが
少なく、葉軸に翼がある

脈はくぼみ、
裂片には細かい
鋸歯がある

**葉裏** ソーラスは
線形で、羽軸や中
肋に沿って並ぶ
(150%)

夏〜秋にかけて、葉の
表面に無性芽をつくる
(100%)

**無性芽** 地面に落ち、
ふえることがある
(150%)

45

*Dryopteris uniformis* オシダ科

# オクマワラビ 【雄熊蕨】

株をつくる中型シダで、野山にごくふつう

## 黒い鱗片、雄の熊

名は葉柄下部に密生する黒褐色の鱗片にちなむ。葉はつやのないくすんだ緑色。よく似たクマワラビとは、ソーラスのつき方で区別できる。オクマワラビは葉の上半分に、クマワラビは先端部分のみにつく。クマワラビはその部分が秋に枯れる。林内や林縁にふつうに見られる。

2回羽状

★クマワラビと似るが、オクマワラビの方がソーラスのつく面積が広く、鱗片の色が濃い。

葉裏　包膜は円腎形 (300%)

小羽片の先は丸く、縁には細かな鋸歯がある

鱗片は黒褐色で密生する (50%)

表の脈はあまりくぼまない

中・本・九 丘・山 緑・林 直・斜 常

やや厚い草質で、光沢はない

ソーラスは上半分につき、その部分だけが枯れることはない

クマワラビのソーラスは先端につき、そこだけ秋に枯れて縮む

クマワラビの脈はくっきりくぼむ

**オクマワラビ裏面**　　**クマワラビ裏面**

47

*Dryopteris erythrosora* オシダ科

# ベニシダ 【紅羊歯】

## 赤いのは新芽とソーラス

やや光沢のある葉は、同じような場所に普通に生えるイヌワラビより厚く、質感がある。名は芽立ちの頃の葉や若い葉の裏につくソーラスが赤(紅)いことにちなむ。ソーラスは胞子が熟すと茶色に変わる。樹林下ばかりでなく、庭や公園など町中にも普通。

株状に葉を広げるポピュラーな中型シダ

★葉の光沢と先の丸い小羽片が規則正しく並ぶ様子で、慣れると一目でわかる。

2回羽状

鱗片は
暗褐〜黒褐色で
密に生える

50%

一番下の羽片の
この小羽片が小さい
のが特徴

中 | 本-九 | 平・丘・山 | 町・緑・林 | 斜 | 常

小羽片は鋸歯があり、
先が丸い

紙質で
やや光沢があり、
羽片は羽軸まで裂け、
先はとがる

赤みを帯びた新葉

羽軸裏面には袋状
の鱗片が多数つく (600%)

**葉裏** 春頃の紅色のソーラス（左）
と、熟してはじけたソーラス（右） (250%)

49

*Dryopteris bissetiana*　オシダ科

# ヤマイタチシダ【山鼬羊歯】

### 葉の縁曲がるヤマイタチ

名の由来は、黒い鱗片が密生する様子をイタチになぞらえたと思われる。葉柄につく鱗片は黒光りして、弾力のある質感をしている。葉軸の葉裏側には、下部が袋状になった鱗片が目立つ葉はくすんだ濃緑色でやや厚く縁が裏側に巻き込む。山から人家付近まで広く見られる。

日当たりの良い場所では葉が黄色みを帯びる

2回羽状

革質でやや厚く、くすんだ濃緑色

葉軸から基部まで、黒くて細長いネクタイ形の鱗片が密生する

一番下の小羽片が大きい

70%

中 本-九 丘・山 縁・林 斜 常

★オオイタチシダなど似た種類が多いが、一番目にする機会が多いのは本種。

先端部はなだらかに細くなる（オオイタチシダは急に細くなる）

羽片の縁は葉裏にやや巻き返るのが特徴

**オオイタチシダ**
ヤマイチシダより大型で鮮緑色。軸の鱗片は少なめ

(800%) 羽軸に細かい袋状の鱗片が多数つく

(300%) **葉裏** 包膜は円腎形で、大きい

(450%) 黒く熟したソーラス

*Thelypteris japonica* ヒメシダ科

# ハリガネワラビ【針金蕨】

### やわらかな葉にはりがねの軸

葉柄が褐色で針金のようにピンと立っているので名づけられたが、緑色の型もある。葉の両面に短毛があり、ルーペで裏面を見ると微小な黄色い腺点が見られる。葉脈が羽片の縁に達していることで、よく似たヤワラシダと見分けがつく。林下や林縁に普通に見られる。

林下・林縁に普通に見られる

★よく似たヤワラシダは、葉柄が薄茶色か淡緑色のことが多く、葉脈は縁に達しないことで見分ける。

2回羽状

**葉裏** 包膜は大きな円腎形で毛がある（450%）

一番下の羽片が下向きになり、ハの字型に見える

(50%)

葉柄は長くてかたい

葉柄下部は黒褐色で、光沢がある

下部の羽片は基部でやや狭くなる

中 | 北・九 | 丘・山 | 縁・林 | 斜 | 夏

草質で有毛。
裏面は毛が多く、
腺点がある

**葉脈** 葉脈が縁ま
で達しているのが
特徴。
(500%)

**ヤワラシダ**
ハリガネワラビより
やや小型で繊細な印象
(25%)

葉脈が縁まで
達していない
(500%)

53

*Athyrium yokoscense* メシダ科

# ヘビノネゴザ【蛇の寝茣蓙】

やや涼しい土地が好みで、株になる

### 蛇の日向ぼっこにシダの茣蓙

蛇がとぐろを巻いて寝るのなら、なんとか間に合いそうな大きさの株になるシダ。細かく切れ込んだ葉はイヌワラビに似るが、葉柄基部につく鱗片にしばしば褐色の縞がでる。銅や鉛など重金属を吸収することで知られ、鉱床地帯の指標植物とされる。山地寄りの林に普通。

2回羽状

鱗片には、褐色の縞が入る

250%

70%

| 中 | 北-九 | 丘・山 | 緑・林 | 直・斜 | 夏 |

★イヌワラビに似るが、先端が徐々に狭くなり、鱗片に縞が入ることで見分ける。平地には少ない。

浅〜全裂し、裂片には鋸歯があり、先は鋭くとがる

草質で、光沢はない。無毛

(200%)

**葉裏** 包膜はかぎ形で葉脈が明瞭（左）。右はソーラスが熟したようす

*Anisocampium niponicum* メシダ科

# イヌワラビ【犬蕨】

庭や公園、道端などいたるところで見かける

## どこでも見かけ、見まちがう

どこにでも生えているシダらしいシダ。しかし形質は変化に富み、ソーラスをつける葉の長さが 20~50cm 以上までと幅広く、色も斑入りを含め、黄緑から濃緑色まで見られる。葉色の濃いものは、軸が紅紫色を帯びることが多い。また、葉の切れ込み方にも深浅、鈍鋭がある。

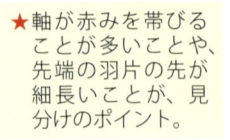

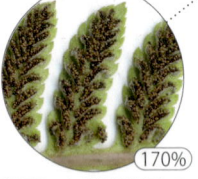

★ 軸が赤みを帯びることが多いことや、先端の羽片の先が細長いことが、見分けのポイント。

2回羽状

(170%)

**葉裏** 包膜は線形でハの字状に並び、かぎ形や馬蹄形のものも混じる。若いソーラス（上）と熟したソーラス（下）

(80%)

鱗片は薄い褐色で細長いネクタイ形

中 | 北-九 | 平・丘・山 | 町・縁・林 | 短・長 | 夏

先が急に細くなる

軸が紅紫色を帯びることが多いが、緑色のこともある

(50%)

草質でやわらかく、厚くも薄くもない。光沢はない

生え始めの頃の形。まるで別種のよう

**ニシキシダ**
葉に白い斑が入っているものをこう呼ぶ

*Polystichum polyblepharon* オシダ科

# イノデ【猪手】

つやのある葉が放射状に広がる

## 手を広げ猪踊る森の中

茶色い鱗片に被われたイノデの新芽を「猪の手」になぞらえたのは、人と猪の距離が近かった時代を思わせる。イノデの仲間は種類が多く、雑種を作りやすいので、まずは鱗片の形、色、鋸歯、ソーラスのつき方など、イノデの特徴をよく覚えよう。スギ林などやや暗い所に多い。

★関東で見ることの多い3種のイノデ類のうち、イノデは鱗片が幅広く、アスカイノデはねじれる。アイアスカイノデは細くてしばしば黒褐色の筋が入る。

2回羽状

中軸にも細い鱗片が密につく (100%)

鱗片は褐色で幅が広く、縁には細かい突起がある (200%)

(50%)

| 大 | 本-九 | 丘・山 | 縁・林 | 斜 | 常 |

やや厚くて
光沢がある

(150%)

小羽片の先は針先のようにとがる。ソーラスは小羽片の軸と葉縁の中間で、やや縁よりにつく

(150%)

ソーラスは葉縁寄りにつく

鱗片は細長くて縁に多少突起がある。中央に黒褐色の筋が入るのは本種のみ

**アイアスカイノデ**

(150%)

ソーラスは小羽片の軸と葉縁の中間で、やや軸よりにつく

鱗片は細長くてねじれ、縁はなめらか

**アスカイノデ**

59

*Adiantum capillus-veneris*　イノモトソウ科　小 | 本 | 沖 | 平 | 町 | 短 | 常

# ホウライシダ【蓬莱羊歯】

住宅街や駅のホームの下などにも見られる

## アジアンタムとは私のこと

本名よりアジアンタムのほうが通りがよくなってしまった。アジアンタム（Adiantum）は、学名の属にあたる名称で、ハコネシダやクジャクシダも同属。注意して町を歩くと、石垣や溝などにも生育する本種を見ることができる。関東地方で見られるのは逸出帰化したものである。

2回羽状

★よく似たハコネシダは山地に生育し、町中には生えない。

薄くて光沢はない無毛

次々に二またに分かれる

光沢のある黒褐色でかたい

根茎には褐色の鱗片

(60%)

葉裏　ソーラスは縁に沿ってつく (170%)

ハコネシダの葉裏　ホウライシダよりも葉の幅が狭くて小さい (170%)

ハコネシダ

*Asplenium anogrammoides* チャセンシダ科 　小│本-九│丘・山│緑│斜│常

# コバノヒノキシダ 【小葉の檜羊歯】

人家近くの石垣などに小さい株が見られる

## 石垣にヒノキの一片

ヒノキの葉に似たヒノキシダより、さらに切れ込みのある小さいシダの意。葉は厚い草質。葉柄基部の鱗片をルーペでよく見ると、全体に細かい格子模様がある。よく似たトキワトラノオは葉につやがあり質がさらに厚い。岩上に群生するが、ときに石垣のすき間などにも見られる。

★よく似たトキワトラノオは、同じような場所に生えるが、鱗片の基部に毛がある、葉の表面にやや光沢がある、葉は厚みがある革質、などの点で異なる。

(300%) 葉軸の表面は中央に凸状に盛り上がる

厚い草質で、光沢はない

2〜3回羽状

(250%) 葉裏　ソーラスは、裂片に1〜3個つく

(800%) 鱗片　格子状で、基部に毛はない

トキワトラノオ

(100%)

*Pteridium aquilinum* subsp. *japonicum*　コバノイシカグマ科

# ワラビ【蕨】

草地や荒地に1本1本葉を出し群生する

### 食用シダの代表選手

ゼンマイと並ぶ食用シダ。にぎり拳に似た芽立ちの頃が食べ頃。また根茎から採った澱粉は「わらび粉」として和菓子に使う。よく育つと、1mほどの黄緑がさわやかなシダに変身する。根茎が地下をはい回り、時に大きな群落をつくる。日当たりの良い草地に生え、人里にも普通。

2～3回羽状

**芽立ち**　食用にする

150%

**葉裏**　ソーラスは葉縁に沿ってつく

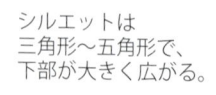

シルエットは三角形～五角形で、下部が大きく広がる。

| 大 | 全国 | 丘・山 | 草・縁 | 長 | 夏 |

★草地に生える、葉と葉が離れて出る、葉にやや厚みがある、無毛の大型シダ、であれば本種と思ってよい。

紙質〜革質でややかたい。光沢はなく、裏面に毛がある

(50%)

鱗片はない

羽片の下部では小羽片は全〜深裂し、上部にいくほど浅裂、または切れこまない

63

*Arachniodes exilis* オシダ科

# ホソバカナワラビ 【細葉鉄蕨】

## 先細の葉は金属光沢

「カナワラビ」とは、葉が革質でかたく、表面が金属光沢を放っていることから。「ホソバ」は羽片が細いから。近似種のコバノカナワラビとは、先端が長く伸びることで見分ける。海岸に近い暖地のやや乾燥した林床に見られる。根茎が長くはい、しばしば大きな群落をつくる。

黒光りと言いたいほどの葉が群生する

2〜3回羽状

先端の葉は、次第に細くなる

**コバノカナワラビ**
根茎が斜上するため、株のように見えることがある。

(20%)

裂片の先はとげ状

急に細くなる

**ハカタシダ**
本種と同じような場所に生えるが群生しない。ときに羽片に黄色い斑が入り、美しい

黄斑

(20%)

中 | 本-沖 | 丘・山 | 林 | 長 | 常

★似た種類との見分け方は、根茎がはうか、斜上するか、先端の葉が次第に細くなるか、急に細くなるかがポイント。

先端は急に細くなる

革質でかたく、強い光沢がある。無毛

基部に鱗片がある

(50%) 葉柄もかたい

一番下につく小羽片が大きい

(170%)

**葉裏** 熟したソーラス
（円腎形の包膜が落ちた後）

65

*Onychium japonicum*　イノモトソウ科　中 本-沖 丘 緑 短・長 常

# タチシノブ【立忍】

日の当たる土手などに多い

### シノブより繊細な立ち姿

忍玉(しのぶだま)として風鈴(ふうりん)を飾るシノブに似て、丈が高い。一度見たら忘れられない美しい緑のレース編みのような葉の持ち主。特に胞子葉は長く立ち上がり、葉の切れ込みもさらに繊細。案外身近な所にも見られ、日当たりのよい土手などを好む。シノブはカグマと同様、シダの古名。

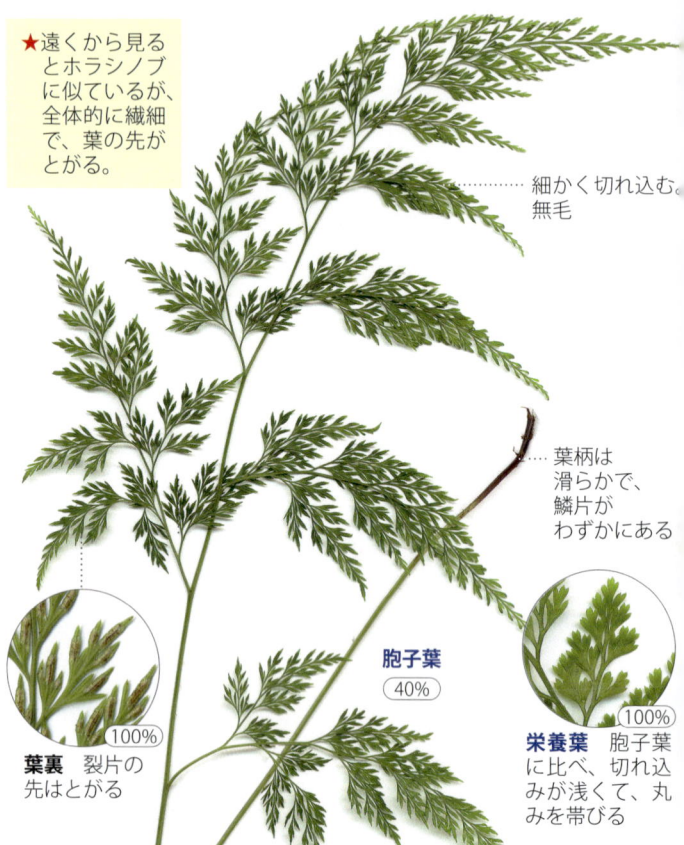

★遠くから見るとホラシノブに似ているが、全体的に繊細で、葉の先がとがる。

細かく切れ込む。無毛

葉柄は滑らかで、鱗片がわずかにある

3回羽状以上

**葉裏**　裂片の先はとがる (100%)

**胞子葉** (40%)

**栄養葉**　胞子葉に比べ、切れ込みが浅くて、丸みを帯びる (100%)

*Odontosoria chinensis* ホングウシダ科 小-中 本・沖 平・丘 緑 短 常

# ホラシノブ【洞忍】

### 草紅葉するホラシノブ

シノブに似た葉をもち、日当たりのよい場所に生える。秋が深まると、しばしば赤や紫色に変化して、枯れ始めた周囲の景色に華を添える。やや乾いた土手や崖地の窪みに生え、群生することが多い。海岸近くの崖地には、似ているが、厚めの葉をもつハマホラシノブが見られる。

日当たり良好の土手にかたまって生える

★よく似たハマホラシノブは葉が厚く、沿岸部に生える。

やや厚い草質で、光沢はない。無毛

秋〜冬に紅葉する

3回羽状以上

下の羽片はやや短い

(40%)

かたくて光沢がある。まばらに鱗片をつける

**葉裏** ソーラスは裂片の先につき、包膜はポケット形。(250%) 脈は見えない

*Macrothelypteris viridifrons* ヒメシダ科

# ミドリヒメワラビ【緑姫蕨】

### 足が見えたらミドリヒメ

大型シダだが、鮮緑色で葉の質がやわらかく繊細な印象を受ける。林縁や山道沿い、町中にも生え、遠くからその存在に気づくことが多い。そっくりなヒメワラビとの違いを見分けるには、羽片の基部が決め手。短い柄があれば本種。また、ヒメワラビに比べ、枯れる時季がやや遅い。

林縁や山道沿いに株または小群落をつくる

羽片は細かく切れ込む。下のものほど大きくなるので、3角形のシルエットになる

3回羽状以上

まばらに鱗片をつける

**葉裏** 包膜は円腎形で白毛がつく

200%

40%

大・本-九・丘・縁・斜・夏

★ヒメワラビと似るが、鮮緑色で、下部の小羽片に柄があることで見分けられる。

草質でやわらかく、光沢はない。全体に毛が多い

**ヒメワラビ** 全体に黄色みが勝った黄緑色に見える。町中には少ない

ヒメワラビの小羽片には柄がない

小羽片の基部に、短い柄がある

69

*Arachniodes standishii* オシダ科

# リョウメンシダ 【両面羊歯】

### 裏表無しリョウメンシダ

表も裏も同じような薄緑色のシダだから、両面羊歯。葉は紙質で、羽片は繊細に切れ込む。スギ林下によく見るが、美しい大型シダだけに、大群落が木漏れ日を浴びている様子は感嘆の声がもれるほど見事。ソーラスは葉の下部からつき始め、胞子は秋から冬に熟す。

スギ林の下などに群生する

★平地やスギ林に生育するもので似たものはない。細かく切れ込んで繊細な印象。

一番下の羽片の、下向きの小羽片が長くなる

鱗片は薄い褐色をした細長いネクタイ型で、密生する

3回羽状以上

(60%)

大 ・ 北・九 ・ 丘・山 林 短 常

裂片には細かい
とがった鋸歯がある

薄い紙質で、表
裏ともに淡緑色

350%

**葉裏** 胞子は秋〜冬に熟し、葉緑素を含むため、はじめは緑色を帯びる。包膜は円腎形

**裏面** 表面とよく似る

71

*Dryopteris chinensis* オシダ科 　小-中 北-九 丘・山 縁・林 短 夏-常

# ミサキカグマ 【岬かぐま・三崎かぐま】

### 山に生えても岬シダ

名の由来は、初めて発見された場所が佐多岬であったからと聞く。カグマはシダの別称。下部の羽片に長めの柄がつくため、葉の形がほぼ5角形になる明るい緑の端正なシダで、林縁や路傍の土手などにやや普通に見られるが、なぜか見落としやすいシダ。

関東ロームの土手などに多く見られる

★小型でシルエットが5角形なら、まず本種。

一番下の羽片がとても大きい

3回羽状以上

薄い紙質

小羽片は深〜全裂

この小羽片が特に大きい

鱗片はまばら

(60%)

**葉裏** 包膜はやや小さくて円腎形（左）。右は胞子嚢がはじけた後

(150%)

*Adiantum pedatum* イノモトソウ科 小-中 北-九 山 縁・林 短 夏

# クジャクシダ【孔雀羊歯】

## 尾羽を広げた緑のクジャク

名の通り、雄の孔雀が尾羽を広げたときの形に葉を広げる。新芽の頃はときに薄紅色で、遠目には花が咲いているようにも見える。涼しい山勝ちの地域に生えるが、アジアンタムの仲間内で飛び切りの美しさから、近縁種同様、鉢植えで花屋の店先に並んでいることもある。

やや冷涼な地を好む

紅色を帯びた芽立ち

★似た種類はない。

(100%) **葉裏** 裂片の上端にソーラスがつく

やわらかい草質で、光沢はない。無毛

わずかに鱗片がある

次々に二またに分かれる

(30%)

特殊な枝分かれ

73

*Diplopterygium glaucum*　ウラジロ科

# ウラジロ【裏白】

### 正月飾りの必需品

正月のお供えや注連縄(しめなわ)の飾りに使う裏が白いシダがウラジロ。葉の基本形は1対の羽片で、2枚の葉(羽片)の付け根から新葉が生まれる。条件がよいと、次から次へと葉を伸ばしては芽をつけるため、子孫繁栄を願って祝い事に用いられる。暖地の崖地に多く見られ、群生する。

二またに分かれた葉が斜面に群生

★独特の二またシルエットを見かけたら、白い葉裏を見て本種と確かめる。

**コシダ**
西日本を代表する普通種。小型のシダだが次々に二またに分かれて巨大化することがある。裏面はやはり白い。

光沢があり、かたい

かたくて なめらか (20%)

(50%)

特殊な枝分かれ

大 | 本・沖 | 丘・山 | 緑・林 | 長 | 常

滑らかでかたい円柱状。
木のようにポキッと折れる

この部分から
毎年新芽を出
し、二またに
分かれていく

紙質でやや光沢が
あり、羽片は深く
切れこむ

**葉裏**
白っぽい
(100%)

(300%)

**ソーラス** 包膜はなく、
胞子嚢が3〜4個集
まってつく

# シダらしくないシダ 10 種

シダといえば、複雑な切れ込みのある葉の形をした日陰に生える植物、というのが一般的な認識と思いますが、ここで紹介するのは、春を知らせるツクシでおなじみのスギナをはじめ、少々変わった形の仲間です。形のおもしろさから、鉢植えや植栽などに用いられる種もあります。

**トウゲシバ**【峠芝】
葉の縁に鋸歯がある。胞子嚢は葉の基部につき、薄黄色。スギ林の林床などに群生する。

胞子嚢

秋〜冬に紅葉する

**イヌカタヒバ**
【犬片檜葉】沖縄、東南アジア原産。園芸品が各地で野生化している。石垣などに見られる。

**ヒカゲノカズラ**【日陰の蔓】
名前と違い、日当たりの良い場所を好む。湿った切り通しなどに見られる。

胞子茎

栄養茎

**トクサ**【砥草・木賊】
山地の湿地に生えるが、庭園によく植えられる。名前の通り、歯や金属を磨くのに使われた。

**スギナ**【杉菜】
ツクシとスギナは同じ地下茎から出る胞子茎と栄養茎。葉は退化して、ハカマ(葉鞘)に変化。

**クラマゴケ**【鞍馬苔】まるで苔のように見える。空中湿度の高いスギ林下や丘陵の水路沿いなどに群生する。

胞子葉
栄養葉

ソーラスのつく葉

**カニクサ**【蟹草】林縁や土手に多く、1枚の葉が2m近いつるになる。ソーラスは先端の小型の葉につく。

**オオハナワラビ**【大花蕨】林下に生え、冬緑性。栄養葉は1枚の葉のように、胞子葉は花茎のように伸びる。胞子は秋から冬に黄熟する。

**コヒロハハナヤスリ**【小広葉花鑢】オオバコに似た小さい葉から胞子葉が出ているように見える。墓地や庭などにもよく生えている。

胞子葉
栄養葉

**マメヅタ**【豆蔦】岩上や樹幹に着生する。栄養葉は円形から楕円形、胞子葉は線形からへら型で、厚みがある。

## 観賞用の園芸シダ

　色とりどりの花の美しさを際だたせるためにシダの葉を添えたり、観葉植物として鉢植えを窓辺に飾ったりと、近年、シダ人気が上昇しています。ここでは代表的な数種をご紹介します。先述した身近なシダと同様、美しいもの、趣のあるものなど、ぜひ、生活の中に取り入れて、楽しんでいただきたいと思います。

**セイヨウタマシダ**（ツルシダ科）
ボストンタマシダとも呼ばれ、多くの品種がある。葉が垂れるもの、細かく切れ込むものなどいろいろ。自生のタマシダは西南日本の沿岸部などに生える。

**レザーファーン**（オシダ科）
常緑性で南半球に広く分布する。葉は光沢のある深緑色で革質。根茎が長くはって広がり、葉の長さは１ｍにもなる。花束やいけばなにも利用される。

**マツバラン**（マツバラン科）
日本にも自生するが、亜熱帯～熱帯が分布の中心。江戸時代には園芸植物として盛んに栽培された。地上部は規則正しく二またに分かれる。

**シノブ**（シノブ科）
根茎が岩や樹幹に着生して広がる。その長い根茎をぐるぐると巻いて忍玉をつくり、涼しげな葉を観賞する。風鈴の飾りとしても利用される。